畜禽粪污资源化利用技术丛书

土地承载力测算技术指南

全国畜牧总站　中国饲料工业协会　国家畜禽养殖废弃物资源化利用科技创新联盟　组编

中国农业出版社

编委会

前　言
PREFACE

近年来，我国畜牧业持续稳定发展，规模化养殖水平显著提高，保障了肉、蛋、奶供给，但大量养殖废弃物没有得到有效处理和利用，成为环境治理的一大难题。习近平总书记在2016年12月21日主持召开的中央财经领导小组第十四次会议上明确指出，“加快推进畜禽养殖废弃物处理和资源化，关系6亿多农村居民生产生活环境，关系农村能源革命，关系能不能不断改善土壤地力、治理好农业面源污染，是一件利国利民利长远的大好事。”

为深入贯彻落实习近平总书记重要讲话精神，落实《畜禽规模养殖污染防治条例》和国务院有关重要文件精神，加快构建种养结合、农牧循环的可持续发展新格局，做好源头减量、过程控制、末端利用三条治理路径的基础研究和科技支撑工作，有力促进畜禽养殖废弃物处理与资源化利用，国家畜禽养殖废弃物资源化利用科技创新联盟组织国内相关领域的专家编写了《畜禽粪污资源化利用技术丛书》。

本套丛书包括《养殖饲料减排技术指南》《养殖节水减排技术指南》《畜禽粪肥检测技术指南》《微生

物应用技术指南》《土地承载力测算技术指南》《碳排放量化评估技术指南》《粪便好氧堆肥技术指南》《粪水资源利用技术指南》《沼气生产利用技术指南》9个分册。

本书为《土地承载力测算技术指南》，旨在提供一种科学简单又切实可行的土地承载力计算方法，可用于测算区域或农场土地承载畜禽粪污的最大容许数量，以实现土地可长期承载畜禽粪污、满足作物养分需求和发展环境友好农业三者之间的平衡。针对土地承纳畜禽粪污超载或不足的情况，本书提供了具体可行的解决方案和计算方法，可为种养结合模式下的粪污还田提供参考。

书中不妥之处在所难免，敬请读者批评指正。

编　者

2017年7月

目 录

CONTENTS

1 典型区域畜禽粪污土地承载力测算方法

1.1 资料收集

1.1.1 收集区域内种植业生产信息

①区域内主要作物种类、产量，可从当地统计年鉴或统计公报中获取。

②区域内土壤养分特征，可根据当地土壤基础数据库中获取。

③区域内农业生产中有机肥和化肥配合施用的比例，可经实地调查或专家推荐获取。

1.1.2 收集区域内畜禽养殖信息

①畜禽种类、各种畜禽的存（出）栏量，可从当地统计年鉴或统计公报中获取。

②不同畜禽粪污收集和处理方式及该方式在本区域相应过程中的占比。

③不同畜禽粪便的粪尿产生量，粪尿中氮（磷）养分含量，可经实地调查获取。

1.2 测算步骤

1.2.1 区域内土地可承纳的粪肥氮（磷）总量

①根据作物种类、产量，计算区域内所有作物需氮（磷）总量。

②根据土壤肥力，确定作物需氮（磷）总量中的需要施肥

供给的比例。

③根据区域内作物生产中粪肥养分投入占总施肥养分投入的比例*，以及粪肥中的氮（磷）当季利用率系数，计算该区域内土地可承纳的来自粪肥供给的氮（磷）总量。

④土地承载力核算以畜禽粪肥氮养分供给和植物氮养分需求为基础进行核算，对于设施蔬菜等作物为主或土壤本底值磷含量较高的特殊区域或农用地，应以磷为基础进行测算。

1.2.2 区域内畜禽粪污氮（磷）养分供给量

①根据养殖畜禽种类和存栏量，通过粪便排泄的氮（磷）排泄系数，计算各类畜禽通过粪便排泄的氮（磷）总量。

②根据各畜禽粪污的收集方式、处置工艺等数据参数，计算各类畜禽粪污中实际可利用的氮（磷）量。

③根据各畜禽粪污中实际可利用的氮（磷）数量，求和得出区域内所有畜禽粪污中实际可供给的氮（磷）总量。

1.2.3 单位猪当量粪肥养分供给量

①猪当量指用于比较不同畜禽氮（碳）排泄量的度量单位。1头猪为1个猪当量。1个猪当量的氮排泄量为11kg，磷排泄量为1.65kg。根据各种畜禽通过粪便排泄的氮磷养分量，折算成以猪为单位的换算系数，主要畜禽按存栏量折算：100头猪相当于15头奶牛、30头肉牛、250只羊、2 500只家禽，其他畜禽可以按照相近的系数进行折算，计算获得区域以猪当

---

* 有推荐值，地方也可根据实际情况使用实际值。

量计总的存栏量。

②将根据上述步骤计算得到的区域内畜禽粪污氮（磷）养分供给总量除以该区域以猪当量计总的存栏量，获得单位猪当量的粪肥养分供给量。

1.2.4 区域内土地畜禽粪污承载力评估

①将区域内可承纳的土地粪肥氮（磷）总量除以单位猪当量的粪肥养分供给量，计算获得理论上该区域最大养殖量。

②将该区域内折算成猪当量计的实际养殖量与理论养殖量（以猪当量计）进行比较，当前者大于后者时，表示该区域畜禽粪污量超载，反之，则不超载。

1.3 具体测算方法

1.3.1 区域内土地可承纳的粪肥氮（磷）总量

1.3.1.1 区域内植物总养分需求量

依据《畜禽粪便还田技术规范》（GB/T 25246—2010），根据典型区域统计的各类粮食作物、果树蔬菜、大田经济作物（棉花和花生等）、人工牧草总产量和人工林地的总种植面积，单位产量（单位面积）所需投入的氮（磷）养分量，得到区域内植物总氮（磷）养分需求，计算公式如下：

$$A_{n,i}=\sum(P_{r,i}\times Q_i\times 10^{-2})+\sum(A_{t,j}\times Q_j\times 10^{-3})$$

式中：$A_{n,i}$——区域内植物氮（磷）养分需求总量，t/年。

$P_{r,i}$——区域内第i种作物（人工牧草）总产量，t/年。

Q_i——区域内第i种作物的100kg收获物需氮（磷）量，

kg。常见作物Q_i参考值见附录1，如有当地实测值，也可使用。

$A_{t,j}$ ——区域内第j种人工林地总的种植面积，hm^2。

Q_i ——区域内第j种人工林地的单位面积年生长量所需要吸收的氮（磷）养分量，kg/hm^2。常见人工林Q_j参考值见附录1，如有当地实测值，也可使用。

1.3.1.2 植物粪肥养分需求量

根据不同土壤肥力下作物氮（磷）总养分需求量中需要施肥的比例、粪肥施用的比例和粪肥当季利用效率，测算区域内植物粪肥养分需求量，计算公式如下：

$$A_{n,m} = \frac{A_{n,i} \times FP \times MP}{MR}$$

式中：$A_{n,m}$——区域内植物粪肥养分需求量，t/年。

$A_{n,i}$——区域内植物氮（磷）养分需求量，t/年。

FP——作物总养分需求中施肥供给养分占比，%。根据《畜禽粪便还田技术规范》（GB/T 25246—2010），施肥养分占养分需求比例，与施肥创造产量占作物总产量比例一致。不同土壤肥力下作物由施肥创造的产量占总产量的比例根据附录3选取。

MP——农田施肥管理中，畜禽粪肥养分需求量占施肥养分总量的比例，%。MP的参数选择见附录4。

MR——粪肥当季利用率，%。不同区域的粪肥占肥料比例可根据当地实际情况确定，粪肥氮素当季利用率取值范围为25%～30%，磷素当季利用率取值范围为30%～35%。

1.3.2 区域内畜禽粪污氮（磷）养分供给量

1.3.2.1 畜禽粪污养分产生量

区域内畜禽粪污养分产生量等于各类畜禽存栏量乘以不同畜禽年氮（磷）排泄量，求和得畜禽粪污总养分产生量，计算公式如下：

$$Q_{r,p}=\sum Q_{r,p,i}=\sum AP_{r,i}\times MP_{r,i}\times 365\times 10^{-6}$$

式中：$Q_{r,p}$——区域内畜禽粪便养分产生量，t/年。

$Q_{r,p,i}$——区域内第i种畜禽粪便养分产生量，t/年。

$AP_{r,i}$——区域内第i种动物年均存栏量，头（只）。

$MP_{r,i}$——第i种动物粪便中氮磷的日产生量，g/（天·头）。优先采用当地数据，主要畜禽氮（磷）排泄量推荐值参照附录5。

1.3.2.2 畜禽粪污养分收集量

区域内畜禽粪污养分收集量等于畜禽粪污养分产生量乘以不同收集方式比例，再乘以该种收集方式的氮（磷）养分收集率，求和得总养分收集量，计算公式如下：

$$Q_{r,C}=\sum Q_{r,C,i}=\sum\sum Q_{r,p,i}\times PC_{i,j}\times PL_{j}$$

式中：$Q_{r,C}$——区域内畜禽粪污养分收集量，t/年。

$Q_{r,C,i}$——区域内第i种畜禽粪污养分收集量，t/年。

$Q_{r,p,i}$——区域内第i种畜禽粪污养分产生量，t/年。

$PC_{i,j}$——区域内第i种动物在第j种清粪方式所占比例，%。该比例根据调研获得。

PL_j ——第j种清粪方式氮（磷）养分收集率，%。优先采用当地数据，也可参照附录6。

1.3.2.3 畜禽粪肥总养分供给量

区域内畜禽粪肥养分供给量等于畜禽粪污养分收集量乘以不同处理方式比例，再乘以该处理方式的养分留存率，求和得区域内畜禽粪肥总养分供给量，计算公式如下：

$$Q_{r,Tr} = \sum Q_{r,Tr,i} = \sum\sum Q_{r,c,i} \times PC_{i,k} \times PL_k$$

式中：$Q_{r,Tr}$ ——区域内畜禽粪污处理后养分供给量，t/年。

$Q_{r,Tr,i}$ ——区域内第i种畜禽粪污处理后养分供给量，t/年。

$PC_{i,k}$ ——区域内第i种动物在第k种处理方式所占比例，%。

PL_k ——第k种处理方式氮（磷）养分留存率，%。优先采用当地数据，也可参照附录6。

1.3.3 单位猪当量粪肥养分供给量

单位猪当量养分供给量等于区域总的粪肥养分供给量除以折算成猪当量的区域畜禽总存栏量，计算公式如下：

$$NS_{r,a} = \frac{Q_{r,Tr} \times 1000}{A}$$

式中：$NS_{r,a}$ —— 单位猪当量粪肥养分供给量，kg/（猪当量·年）。

$Q_{r,Tr}$ —— 区域内畜禽粪污总养分供给量，t/年。

A —— 区域内饲养的各种动物根据猪当量换算系数，折算成猪当量的饲养总量，猪当量。

1.3.4 区域畜禽粪污土地承载力指数

1.3.4.1 典型区域畜禽粪污土地承载力

区域畜禽粪污土地承载力等于区域植物总的粪肥养分需求量除以单位猪当量粪肥养分供给量，计算得到区域理论最大养殖量（以猪当量计），计算公式如下：

$$R = \frac{NU_{r,m}}{NS_{r,a}}$$

式中：R——区域畜禽以作物粪肥养分需求为基础的最大养殖量，猪当量。

$NU_{r,m}$——区域内植物粪肥养分需求量，kg/年。

$NS_{r,a}$——猪当量粪肥养分供给量，kg/（猪当量·年）。

1.3.4.2 区域畜禽粪污土地承载力指数

区域畜禽粪污土地承载力指数等于区域各种动物实际存栏量（以猪当量计）与区域畜禽最大养殖量（以猪当量计）之间的比值，计算公式如下：

$$I = \frac{A}{R}$$

式中：I——区域畜禽粪污土地承载力指数。

A——区域内饲养的各种动物根据猪当量换算系数，折算成猪当量的饲养总量，猪当量。

R——区域畜禽以作物粪肥养分需求为基础的最大养殖量，猪当量。

当$I>1$时，表明该区域畜禽养殖量超载，需要调减养殖量；当$I<1$时，表明该区域畜禽养殖不超载。

2 规模化畜禽养殖场配套土地面积测算方法

2.1 资料收集

2.1.1 收集畜禽养殖场的信息

①畜禽种类、各生长阶段的畜禽存栏量。

②养殖场各阶段畜禽的清粪方式类型及其占比。

③养殖场的各种粪污处理方式及其占比。

④养殖场的固体粪污和液体粪污处理后的利用去向及占比。

2.1.2 收集养殖场配套土地的信息

①养殖场周边拟配套农田栽培的主要农作物种类，该种作物在该区域的平均产量。

②配套农田的作物种植制度。

③养殖场拟配套种植的人工牧草的种类，牧草的平均预期产量。

④养殖场拟配套的土地的土壤质地，养分含量等特征参数。

2.2 测算步骤

2.2.1 养殖场畜禽粪污氮（磷）实际就地可利用量

①根据养殖场饲养畜禽种类、各阶段动物的平均存栏量，通过分阶段的粪便排泄的氮（磷）排泄系数，计算养殖场通过粪便排泄的氮（磷）总量。

②根据养殖场不同饲养阶段动物粪便的收集方式、粪污处置工艺等参数，计算养殖场可利用的氮（磷）量。

③根据养殖场处理的粪便作为肥料等资源化利用方式向外销售的比例，计算获得养殖场畜禽粪污氮（磷）实际就地可利用量。

2.2.2 作物单位耕地可接受的粪肥氮（磷）养分量

①根据配套土地上作物种类和预期的产量计算，单位面积土地作物需氮（磷）总量。

②根据配套土地的土壤养分状况，确定作物养分需要量中由施肥供给的占比。

③根据农田生产中粪肥投入占施肥养分投入的比例，并结合①②的结果计算某种作物单位耕地可接受的粪肥氮（磷）养分量。

2.2.3 养殖场配套土地面积承载力系数

根据上述计算获得的养殖场就地利用的畜禽粪便氮（磷）养分总量除以某种作物的单位耕地可接受的粪肥氮（磷）养分量，就可以获得种植该种作物需要配套的农田面积，并与实际可利用的农田面积进行比较。如果前者小于后者，说明养殖场配套的农田面积足够；反之，则说明养殖场养殖量超载。

2.3 具体测算方法

2.3.1 养殖场粪污就地利用氮（磷）养分供给量

2.3.1.1 养殖场畜禽粪污养分产生量

规模化畜禽养殖场粪污养分产生量等于养殖场各饲养阶段

畜禽年排泄氮（磷）养分之和，计算公式如下：

$$Q_{o,p}=\sum AP_{o,i}\times MP_{o,i}\times 365\times 10^{-3}$$

式中：$Q_{o,p}$——养殖场畜禽粪污氮（磷）养分产生总量，t/年。

$AP_{o,i}$——养殖场第i阶段动物的年均存栏量，头（只）。

$MP_{o,i}$——第i阶段动物粪污中氮（磷）养分排泄量，kg/（天·头）。优先采用当地数据，主要畜禽在不同阶段的氮（磷）排泄量推荐值参照附录5。

2.3.1.2 畜禽粪污养分收集量

畜禽粪污养分收集量为养殖场各饲养阶段畜禽粪污养分收集量之和，计算公式如下：

$$Q_{o,C}=\sum\sum Q_{o,p,i}\times PC_{i,j}\times PL_{j}$$

式中：$Q_{o,C}$——养殖场畜禽粪污氮（磷）养分收集量，t/年。

$Q_{o,p,i}$——养殖场第i阶段畜禽粪污养分产生量，t/年。

$PC_{i,j}$——养殖场第i阶段在第j种清粪方式所占比例，%。

PL_{j}——第j种清粪方式氮（磷）养分收集率，%。优先采用当地数据，也可参照附录6。

2.3.1.3 养殖场就地利用粪肥养分供给量

养殖场就地利用粪肥养分供给量乘以畜禽粪肥就地利用比例，计算公式如下：

$$Q_{o,Ap}=\sum\sum(Q_{o,C}\times PC_{k}\times PL_{k})\times PA_{o,lp}$$

式中：$Q_{o,Ap}$——养殖场粪污就近利用的氮（磷）养分总量，t/年。

PC_{k}——养殖场畜禽粪污在第k种处理方式所占比例，%。

PL_{k}——第k种处理方式氮（磷）养分损失率，%。优先采用当地数据，也可参照附录6。

$PA_{o,lp}$——养殖场粪肥就地就近利用比例，%。该比例指养殖场生产的有机肥或沼液肥等肥料向外销售后余下的部分所占的比例。

2.3.2 单位面积植物畜禽粪肥养分需求量

2.3.2.1 单位面积植物养分需求量

根据养殖场周围可用土地种植作物品种、种植制度及不同作物的目标产量等参数，计算该土地上不同种植季备选作物单位土地植物养分需求量。计算公式如下：

$$NU_{o,h} = \sum(PH_i \times Q_i \times 10)$$

式中：$NU_{o,h}$——养殖场周围可用农田种植所有备选作物单位面积氮（磷）养分需求总量，kg（hm²·年）。

PH_i——养殖场拟配套农田种植的第i季备选作物单位目标产量，t/（hm²·季）。各种作物的目标产量可以采用当地该种作物的平均产量值，如果企业各种作物的实际产量值，也可以直接利用实测值。

Q_i——第i季作物形成100kg产量吸收的氮（磷），kg。优先采用当地数据，常见作物Q_i参考值见附录1。

2.3.2.2 单位面积植物粪肥养分需求量

根据不同土壤肥力下，作物氮（磷）总养分需求量中需要施肥的比例、粪肥施用的比例和粪肥当季利用效率等参数，计算单位面积植物粪肥养分需求量。计算公式如下：

$$NU_{o,M,h} = \frac{NU_{o,h} \times FP \times MP}{MR}$$

式中：$NU_{o,M,h}$ —— 单位面积所种植的各季作物粪肥氮（磷）养分需求量，kg/（hm^2· 年）。

$NU_{o,h}$ —— 单位面积植物养分需求量，kg/（hm^2· 年）。

FP —— 作物总养分需求中施肥供给养分占比，%。根据《畜禽粪便还田技术规范》（GB/T 25246—2010），施肥养分占养分需求比例，与施肥创造产量占作物总产量比例一致。不同土壤肥力下作物由施肥创造的产量占总产量的比例根据附录3选取。

MP —— 农田施肥管理中，施用于农田的畜禽粪污养分含量占施肥总量的比例，%。MP的参数选择范围见附录4。

MR —— 粪肥当季利用率，%。不同区域的粪肥占肥料比例可根据当地实际情况确定，粪肥氮素当季利用率取值范围为25%～30%，磷素当季利用率取值范围为30%～35%。

2.3.3 养殖场配套土地面积承载力指数

2.3.3.1 养殖场配套土地面积测算

养殖场配套农田面积等于养殖场就地利用粪肥养分供给量除以该配套农田所确定的种植作物类型和种植制度下的单位面积土地粪肥养分需求量，计算公式如下：

$$S_{\mathrm{LAND}} = \frac{Q_{o,Ap} \times 1000}{NU_{o,M,h}}$$

式中：S_{LAND} —— 养殖场需要配套的土地面积，hm^2。

$Q_{o,Ap}$ —— 养殖场畜禽粪污就地施用的氮（磷）总量，t/年。

$NU_{o,M,h}$ —— 配套农田单位耕地种植作物类型和种植制度下需要施粪肥养分量，kg/（hm^2·年）。

2.3.3.2 养殖场配套土地承载力指数

养殖场配套土地承载力指数是基于养殖场现有配套的土地面积和根据畜禽粪肥就地利用养分量测算的配套土地面积进行比较，计算公式如下：

$$I = \frac{S_{\mathrm{AREA}}}{S_{\mathrm{LAND}}}$$

式中：I —— 规模化养殖场配套土地承载力指数。

S_{AREA} —— 养殖场现有配套土地面积，hm^2。

S_{LAND} ——养殖场需要配套的土地面积，hm^2。

当$I>1$时，表明该养殖场配套土地足够；当$I<1$时，表明该区规模化养殖场配套土地面积不够，需要通过相关方式调整后实现种养平衡。

3 土地承载力调整对策及相关计算方法

3.1 情景分析

3.1.1 典型区域畜禽粪污土地承载力调整原则

①区域内减少畜禽养殖量，尤其是环境敏感地区的畜禽养殖量。

②扩大畜禽粪污消纳土地面积，寻找新的畜禽粪污消纳土地，如充分利用人工林地、人工草地等。

③降低现有畜禽养殖过程的氮（磷）排放量，如推广低蛋白日粮、使用植酸酶等通过优化畜禽饲料养分配比等途径降低畜禽氮（磷）排泄量或提高区域内低氮（磷）排放量畜禽的饲养比例。

④提高现有种植作物的氮（磷）带走量，如通过合理栽培措施提高作物产量或相同产量下选择种植氮（磷）带走量高的作物。

⑤改变作物种植结构和复种指数，如将一年单茬种植改为一年多茬种植。

3.1.2 养殖场配套农田畜禽粪污土地承载力调整原则

3.1.2.1 养殖场配套农田畜禽粪污土地承载力不足

（1）养殖场内畜禽粪污产生收集处置过程

①减少养殖场内畜禽养殖数量。

②降低现有畜禽养殖过程的氮（磷）排放量，如推广使用低蛋白日粮、使用植酸酶等通过优化畜禽饲料养分配比等途径降低畜禽氮（磷）排泄数量。

③提高粪肥无害化处理后向外销售的比例。

（2）养殖场外畜禽粪污还田过程

①扩大畜禽粪污消纳土地面积，如寻找新的畜禽粪污消纳土地。

②提高种植作物的氮（磷）带走量，如通过合理栽培等措施提高作物产量或相同产量下选择种植氮（磷）带走量高的作物品种。

③改变作物种植结构，提高复种指数，如将一年单茬种植改为一年多茬种植。

3.2 计算方法

3.2.1 典型区域畜禽养殖量调整计算

3.2.1.1 调整某一类指定的畜禽数量

区域内拟调整第i类畜禽的数量。

计算公式如下：

$$N_i = \frac{R - A}{f_i}$$

式中：N_i ——区域内拟调减（或增加）的第i类动物的养殖量（以存栏计），头（只）。

R ——区域畜禽以作物粪肥养分需求为基础的最大养殖量，猪当量。

A ——区域内饲养的各种动物根据猪当量换算系数，折算成猪当量的饲养总量，以猪当量计。

f_i ——以猪粪便排泄的氮磷养分为基础，其他动物折算成猪当量的系数。其中，奶牛为6.7，肉牛3.3，肉羊2.5，家禽为25。

上式计算结果如果是正值，则表明该区域可以新增某一类畜禽；如果是负值，则表明需要调减。

3.2.1.2 调整多类的畜禽数量

区域内拟调整多类畜禽的应调整数量。

计算公式如下：

$$N_i = \frac{R - A}{f_i} \times P_i$$

式中：N_i —— 区域内拟调减（或增加）的第i类动物的养殖量（以存栏计），头（只）。

R ——区域畜禽以作物粪肥养分需求为基础的最大养殖量，猪当量。

A ——区域内饲养的各种动物根据猪当量换算系数，折算成猪当量的饲养总量，以猪当量计。

f_i ——以猪粪便排泄的氮磷养分为基础，其他动物折算成猪当量的系数。其中，奶牛为6.7，肉牛3.3，肉羊2.5，家禽为25。

P_i ——区域内拟调整的第i类动物所占比例，%。各地区可以根据养殖情况，提出需要调整的畜禽种类以及各类畜禽占需要调整的比例，各类畜禽所占比例之和应该等于100%。

上式计算结果如果是正值，则表明该区域可以新增某一类畜禽；如果是负值，则表明需要调减。

3.2.2 养殖场畜禽养殖配套土地调整空间计算

原有土地纳入养殖场畜禽粪污配套消纳土地，根据上述计算获得在确定种植的作物和种植制度下养殖场需要配套的土地面积。如果养殖场现有土地面积大于计算获得的需要配套的土地面积，则无需寻找新的配套土地；如果养殖场现有耕地面积小于养殖场需要配套的土地面积，则需要计算新增的配套土地面积。

3.2.2.1 与原有配套土地种植的作物和种植制度下的耕地面积

如果养殖场计划新增的配套土地与原有配套土地种植的作物和种植制度相同，则养殖场新增的配套土地面积等于总的耕地面积需求减去已经配套的耕地面积。

计算公式如下：

$$S_{\mathrm{land}} = S_{\mathrm{LAND}} - S_{\mathrm{AREA}}$$

式中：S_{land}——规模化养殖场需要新增等的配套土地面积，hm^2。

S_{LAND}——养殖场需要配套的土地面积，hm^2。

S_{AREA}——养殖场现有配套土地面积，hm^2。

3.2.2.2 新增配套耕地种植其他作物和种植制度下的耕地面积

如果养殖场计划新增的耕地与原有配套土地种植的类型不同，新增的土地需要考虑拟种植的其他作物单位面积粪肥养分需要量。

计算公式如下：

$$S_{\text{land}} = \frac{(S_{\text{LAND}} - S_{\text{AREA}}) \times NU_{o,M,h,i}}{NU_{o,M,h,j}}$$

式中：S_{land} —— 规模化养殖场需要新增等的配套土地面积，hm^2。

S_{LAND} ——养殖场需要配套的土地面积，hm^2。

S_{AREA} ——养殖场现有配套土地面积，hm^2。

$NU_{o,M,h,i}$ ——现有配套土地上单位面积所种植的第i种类型各季作物粪肥氮（磷）养分需求量，kg/（hm^2·年）。

$NU_{o,M,h,j}$ ——拟新增的耕地单位面积所种植的第j种类型各季作物粪肥氮（磷）养分需求量，kg/（hm^2·年）。

新配套的土地种植的作物种类和种植制度下所需要的单位粪肥养分需要量计算依据2.3.2中给出的方法进行计算。

4 案例分析

案例1　典型区域畜禽养殖土地承载力测算

根据某县2016年统计公报发布的统计数据，全县2016年主要农产品及畜禽产量情况见表4-1。

表4-1　某县2016年主要农产品及畜禽产量

产品名称	2016年 年产量（t）	畜禽种类	2016年 存栏量
稻谷	881	生猪	54.81万头
小麦	154 859	奶牛	3.13万头
玉米	307 750	肉牛	4.23万头
豆类	1 884	肉羊	4.98万只
薯类	180 626	蛋鸡	559.2万只
油菜籽	4 281	肉鸡	55.3万只
花生	4 249		
棉花	1 711		
蔬菜	2 898 028		
柑橘	92 556		

根据调查，该地区：①畜禽养殖场采用干清粪工艺的比例为95%，其他工艺占5%（多为水冲清粪）；②畜禽粪污收集后，20%通过简单堆沤后还田，30%用于厌氧发酵，50%用于堆肥化处理。

第一步：资料收集

经查阅附录，找出相应数据见表4-2至表4-4。

表4-2 该县主要农产品形成100kg收获物氮、磷需求量

作物	形成100kg收获物需氮量（kg）	形成100kg收获物需磷量（kg）
水稻	2.2	0.8
小麦	3.0	1.0
玉米	2.3	0.3
大豆	7.2	0.748
马铃薯	0.5	0.088
油菜籽	7.19	0.887
花生	7.19	0.887
棉	11.7	3.04
蔬菜	0.43	0.062
柑橘	0.6	0.11

表4-3 该县主要畜禽种类日排泄氮磷量

项目	猪	奶牛	肉牛	肉羊	蛋鸡	肉鸡
氮（g/d）	30.0	196.0	109.0	11.3	1.2	1.2
磷（g/d）	4.5	32.0	14.0	2.35	0.18	0.18

表4-4 该县主要畜禽粪污收集、处理工艺的氮、磷收集率

项目	氮（%）	磷（%）
粪污收集		
干清粪	88	95
水冲清粪	87	95
处理工艺		
厌氧发酵	95	75
固体贮存	63.5	80.0
堆肥	68.5	76.5

第二步：将数据分别代入公式（以氮养分为基础计算）

依据本技术指南：

①区域内作物需氮总量（t）

=（2.2×881）/100…………… 水稻需氮量

+（3.0×154859）/100…… 小麦需氮量

+（2.3×307750）/100…… 玉米需氮量

+（7.2×1884）/100………… 大豆需氮量

+（0.5×180626）/100…… 马铃薯需氮量

+（7.19×4281）/100……… 油菜籽需氮量

+（7.19×4249）/100……… 花生需氮量

+（11.7×1711）/100……… 棉花需氮量

+（0.43×2898028）/100… 蔬菜需氮量

+（0.6×92556）/100……… 柑橘需氮量

=［（2.2×881+3.0×154859+2.3×307750+7.2×1884+0.5×180626+7.19×4281+7.19×4249+11.7×1711+0.43×2898028+0.6×92556）/100］

= 26612.5（t）

②区域内植物粪肥养分需求量（t）

= 26612.5 ……………………… ①中结果

×35%…… 作物总养分需求中施肥供给养分占比，该区域土壤总氮含量为1.1g/kg。根据附录3，该区域种植主要以旱地为主，土壤氮养分分级选择Ⅰ级

×50%…… 有机肥替代化肥的比例

$\div 30\%$ …………………… 粪肥氮素当季利用率

$= 15524.0$（t）

③区域内畜禽粪污氮养分产生量（t）

$= (54.81 \times 10^4 \times 30) \times 365 \times 10^{-6}$ ………… 生猪氮排泄量

$+ (3.13 \times 10^4 \times 196) \times 365 \times 10^{-6}$ ……… 奶牛氮排泄量

$+ (4.23 \times 10^4 \times 109) \times 365 \times 10^{-6}$ ……… 肉牛氮排泄量

$+ (4.98 \times 10^4 \times 11.3) \times 365 \times 10^{-6}$ ……… 肉羊氮排泄量

$+ (559.2 \times 10^4 \times 1.2) \times 365 \times 10^{-6}$ ……… 蛋鸡氮排泄量

$+ (55.3 \times 10^4 \times 1.2) \times 365 \times 10^{-6}$ ………… 肉鸡氮排泄量

$= [(54.81 \times 30 + 3.13 \times 196 + 4.23 \times 109 + 4.98 \times 11.3 +$

$559.2 \times 1.2 + 55.3 \times 1.2) \times 365/100]$

$= 12820.7$（t）

④区域畜禽粪污养分收集量

$= 12820.7$ …………… ③中结果

$\times (0.88 \times 0.95$ …… 干清粪氮收集率和干清粪所占比例

$+ 0.87 \times 0.05)$ ……… 水冲粪氮收集率和水冲粪所占比例

$= 11275.8$（t）

⑤区域畜禽粪污养分处理后留存量

$= 11275.8$ …………… ④中结果

$\times (0.20 \times 0.635$ …… 固体贮存所占比例和氮留存率

$+ 0.30 \times 0.95$ ……… 厌氧发酵所占比例和氮留存率

$+ 0.50 \times 0.685)$ …… 堆肥所占比例和氮留存率

$= 8507.6$（t）

⑥单位猪当量粪肥养分供给量（N）

$= 8507.6 \times 1000$ ……………… ⑤中结果

÷（$54.81\times10^4\times1$ ………… 折算成猪当量

$+3.13\times10^4\times100\div15$ ……… 奶牛折算成猪当量

$+4.23\times10^4\times100\div30$ ……… 肉牛折算成猪当量

$+4.98\times10^4\times100\div250$……… 肉羊折算成猪当量

$+559.2\times10^4\times100\div2500$…… 蛋鸡折算成猪当量

$+55.3\times10^4\times100\div2500$）…… 肉鸡折算成猪当量

$=8507600\div1163487$

= 7.3（kg/猪当量）

⑦典型区域畜禽粪污土地承载力

$=15524.0\times1000$ ……………… ②中结果

$\div7.3$………………………………… ⑥中结果

= 2126575（猪当量）

⑧典型区域畜禽粪污土地承载力指数

= 1163487………………………… ⑥中计算该县总的猪当量数

÷ 2126575 ……………………… ⑦中结果

$=0.55<1$

因此，以氮养分为基准时该区域内土地消纳畜禽粪污不超载。

计算完成。

同样过程，当以磷养分为基准进行计算时，所述步骤与氮相同。

①区域内作物需磷总量（t）

$=[(0.8\times881+1.0\times154859+0.3\times307750+0.748\times1884+0.088\times180626+0.887\times4281+0.887\times4249+3.04\times1711+0.0.62\times2898028+0.11\times92556)/100]$

= 4678.2（t）

②区域内植物粪肥磷养分需求量（t）

= 4678.2 ⋯⋯ ①中结果

× 45% ⋯⋯ 作物总养分需求中施肥供给养分占比，该区域土壤有效磷含量为27mg/kg。根据附录3，土壤磷分级选择Ⅱ级

× 50% ⋯⋯ 有机肥替代化肥的比例

÷ 35% ⋯⋯ 粪肥磷素当季利用率

= 3007.4（t）

③区域内畜禽粪污磷养分产生量（t）

= ［（54.81 × 4.5+3.13 × 32+4.23 × 14+4.98 × 2.35+559.2 × 0.18+55.3 × 0.18）× 365/100］=1928.4（t）

④区域畜禽粪污养分收集量

= 1928.4 ⋯⋯⋯⋯ ③中结果

×（0.95 × 0.95 ⋯⋯ 干清粪磷收集率和干清粪所占比例

+0.95 × 0.05）⋯⋯ 水冲粪磷收集率和水冲粪所占比例

= 1832（t）

⑤区域畜禽粪污养分出栏后留存量

= 1832 ⋯⋯⋯⋯ ④中结果

×（0.20 × 0.80 ⋯⋯ 固体贮存所占比例和氮留存率

+0.30 × 0.75 ⋯⋯ 厌氧发酵所占比例和氮留存率

+0.50 × 0.765）⋯⋯ 堆肥所占比例和氮留存率

= 1406（t）

⑥单位猪当量粪肥养分供给量（N）

= 1406 × 1000 ⋯⋯⋯⋯ ⑤中结果

$\div$（$54.81 \times 10^4 \times 1$ ………… 折算成猪当量

$+3.13 \times 10^4 \times 100 \div 15$ ……… 奶牛折算成猪当量

$+4.23 \times 10^4 \times 100 \div 30$ ……… 肉牛折算成猪当量

$+4.98 \times 10^4 \times 100 \div 250$……… 肉羊折算成猪当量

$+559.2 \times 10^4 \times 100 \div 2500$…· 蛋鸡折算成猪当量

$+55.3 \times 10^4 \times 100 \div 2500$）…· 肉鸡折算成猪当量

$= 1406000 \div 1163487$

$= 1.21$（kg/猪当量）

⑦典型区域畜禽粪污土地承载力

$= 3007.4 \times 1000$ ……………… ②中结果

$\div 1.21$ ……………………… ⑥中结果

$= 2485454$（猪当量）

⑧典型区域畜禽粪污土地承载力指数

$= 1163487$ …………………… ⑥中计算该县总的猪当量数

$\div 2485454$ ………………… ⑦中结果

$= 0.47 < 1$

因此，以磷养分为基准时该区域内土地消纳畜禽粪污也不超载。

基于氮和磷测算的结果进行比较，取两种计算结果的较低值为该区域的承载量，也就是该区域最大承载量为2 126 575头猪当量的畜禽养殖量。

案例2 养殖场配套土地承载力测算

某养猪场年饲养规模是年出栏生猪10 000头，常年平均存栏为6 000头，存栏的具体猪群结构如下：

①繁殖母猪（包括妊娠、空怀、分娩）600头，保育猪2 400头，育肥猪3 000头。

②养猪场粪污收集、处理流程为：干清粪—厌氧发酵—沼液贮存、沼渣堆肥—施于农田。

③用于消纳该养殖场的畜禽粪污的农田面积为120hm^2（1 800亩*），种植作物香蕉，每公顷产香蕉30t。

第一步：资料收集

经查阅附录，找出相应数据见表4-5至表4-7。

表4-5 农作物形成100kg收获物需氮、磷量

作物	形成100kg收获物需氮量（kg）	形成100kg收获物需磷量（kg）
香蕉	0.73	0.216

表4-6 该养殖场猪不同生长阶段日排泄氮、磷量

生长阶段	日排泄氮量（g）	日排泄磷量（g）
保育猪	18.3	2.5
育肥猪	36.3	5.2
繁殖母猪	46.0	8.2

* 亩为我国非法定计量单位，1亩≈667m^2。

表4-7　养殖场畜禽粪污收集、处理工艺氮、磷收集（留存）率（%）

粪污收集、处理工艺	氮	磷
干清粪	88	95
堆肥	68.5	76.5
厌氧发酵	95.0	75.0
沼液贮存	75.0	90.0

第二步：将数据分别代入公式（以氮养分为基础计算）

依据本指南：

①养殖场畜禽粪污养分产生量

$=（600\times46\div1000）\times365\times10^{-3}$ ………繁殖母猪氮排泄量

$+（2400\times18.3\div1000）\times365\times10^{-3}$ ‥保育猪氮排泄量

$+（3000\times36.3\div1000）\times365\times10^{-3}$ ‥育肥猪氮排泄量

$=［（600\times46+2400\times18.3+3000\times36.3）\times365\times10^{-6}］$

= 65.85（t）

②养殖场粪污养分收集量

= 65.85…………………①中结果

×（0.88 × 100%）… 干清粪氮收集率和干清粪所占比例

= 57.95（t）

③养殖场粪污养分处理后留存量

= 57.95…………………②中结果

×［100% × 95% ……厌氧发酵所占比例和氮留存率

×（95% × 75%………厌氧发酵后沼液贮存后利用占比和氮留存率

+5%×68.5%）]……厌氧发酵后沼渣堆肥利用占比和氮留存率

=41.11（t）

上式计算过程中，所有粪污进行厌氧发酵，发酵后的剩余物再分成液体和固体进行处理和利用，在计算过程中要考虑各个环节的处理利用情况及其效率。本计算过程中，初步假定了厌氧发酵后的剩余物90%以液体存在，10%以固体存在。

④单位面积植物养分需求量

=0.73×30÷100………单位耕地面积香蕉需氮量

=0.219（t/hm^2）

⑤单位面积植物粪肥养分需求量

=0.219…………………④中结果

×35%…………………作物总养分需求中施肥供给养分占比，该区域土壤总氮含量为1.22g/kg，根据附录3，该养殖场配套农田种植香蕉，土壤氮养分分级选择Ⅰ级

×50%…………………有机肥替代化肥的比例

÷30%…………………粪肥氮素当季利用率

=0.128（t/hm^2）

⑥养殖场配套土地面积测算

=41.11…………………③中结果

÷0.128………………⑤中结果

=321.2（hm^2）

⑦养殖场配套土地承载力指数

= 120……………………养殖场现有配套面积

÷ 321.2………………⑥中结果

= 0.37

上述计算结果表明，以氮养分需求测算，该养殖场配套的农田面积不能够完全消纳养殖场产生的畜禽粪污，需要通过其他途径，如部分粪污生产有机肥向外销售，或进一步增加配套农田面积，改变耕地种植制度等方式实现粪污资源化利用。

如果以磷养分为基础进行测算，同样算法，可得：

①养殖场畜禽粪污养分产生量

= [（600 × 8.2+2400 × 2.5+3000 × 5.2）× 365 × 10^{-6}]

= 9.68（t）

②生猪养殖场粪污养分收集量

= 9.68 …………………①中结果

×（0.95 × 100%）……干清粪磷收集率和干清粪所占比例

= 9.20（t）

③生猪粪污养分处理后留存量

= 9.20 …………………②中结果

× [100% × 75%……厌氧发酵所占比例和磷留存率

×（95% × 90%………厌氧发酵后沼液贮存后利用占比和磷留存率

+5% × 76.5%）]………厌氧发酵后沼渣堆肥利用占比和磷留存率

= 6.16（t）

④单位面积植物养分需求量

=0.216 × 30 ÷ 100………单位耕地面积香蕉需磷量

= 0.0648（t/hm^2）

⑤单位面积植物粪肥养分需求量

= 0.0648 …………………④中结果

× 45% …………………作物总养分需求中施肥供给养分占比，该区域土壤速效磷含量为25mg/kg。根据附录3，该养殖场配套农田种植香蕉，土壤氮养分分级选择Ⅱ级

× 50% …………………有机肥替代化肥的比例

÷ 35% …………………粪肥磷素当季利用率

= 0.0486（t/hm^2）

⑥养殖场配套土地面积测算

= 6.16 ……………………③中结果

÷ 0.0486 ………………⑤中结果

= 126.7（hm^2）

⑦养殖场配套土地承载力指数

=120……………………养殖场现有配套面积

÷ 126.7………………⑥中结果

= 0.95

上述计算结果表明，以磷养分需求测算，该养殖场配套的农田面积不能够完全消纳养殖场产生的畜禽粪污，但是其配

套土地不足部分较少。为减少粪便过量施用造成的污染，配套耕地面积应该取两个计算结果的较高值。本案例应该取以氮为基础计算的所需配套面积，也就是粪污全部就地利用条件下，配套的农田面积为321.2hm^2，磷不足的部分可以通过其他肥料补充。

案例3　典型区域畜禽养殖量调整空间计算

①调整某一类指定畜禽数量：以“案例1”数据为例。

目前该县可承载的最大畜禽养殖量为2 126 575头猪当量，现有养殖量为1 163 487头猪当量，该市计划扩大生猪养殖量，粪污管理方式还是以现有的粪污处理利用方式为主，区域内可增加生猪出栏量（头）:

=（2126575−1163487）÷1

= 963088（头）

②调整多类指定畜禽数量：以“案例1”数据为例。

目前，该县可承载的最大畜禽养殖量为2 126 575头猪当量，现有养殖量为1 163 487头猪当量。该县计划可新增的养殖量中50%用于扩大奶牛养殖，50%用于扩大生猪养殖。扩大养殖的动物粪便管理方式还是以现有的粪污处理利用方式为主，两种动物可以调整的过程计算如下：

生猪=（2126575−1163487）÷1×50%

= 481544（头）

奶牛=（2126575−1163487）÷6.7×50%

= 71872（头）

案例4　养殖场配套土地调整空间计算

养殖场拟寻求新的配套耕地，并种植双季水稻，以“案例2”数据为例。

该养殖场现有配套耕地120hm^2，全部用于种植香蕉。如果按照养殖场产生的粪污全部用于种植香蕉的话，需要配套的耕地面积是321.2hm^2；需要新增的配套耕地面积为201.2hm^2，但是养殖场周围无法流转这么多耕地，养殖场拟对新增配套耕地面积的种植制度进行调整，减少配套耕地面积，计划流转耕地用于种植双季水稻，具体计算方法如下：

首先计算单位面积双季稻种植需要的粪肥养分量，根据案例2计算获得的最大根据面积以氮为基础进行，所以双季稻种植需要的粪肥氮养分也是以氮为基础，查附录1，每100kg收获的水稻需要氮量为2.2kg，水稻的预期目标产量选择为6t/hm^2，根据上述参数计算方法如下：

①单位面积植物养分需求量

=2.2 × 6 ÷ 100 …………单位耕地面积单季水稻需氮量

= 0.132（t/hm^2）

②单位面积植物粪肥养分需求量

= 0.132……………………④中结果

× 45% ………………作物总养分需求中施肥供给养分占比，该区域土壤总氮含量为1.12g/kg。根据附录3，该养殖场配套农田种植水稻，土壤氮养分分级选择Ⅰ级

×50% ……………………有机肥替代化肥的比例

÷30% ……………………粪肥氮素当季利用率

= 0.099（t/hm^2）

则双季稻种植，单位耕地需要粪肥量为0.198t/hm^2。

需要新增的配套耕地面积

=（321.2−120）×0.128÷0.198

= 130（hm^2）

附录

附录1　我国主要作物的100kg收获物需氮（磷）量

作物	100kg收获物需氮量（kg）	100kg收获物需磷量（kg）
水稻	2.2	0.8
籼稻	1.6	0.6
粳稻	1.8	0.67
糯稻	1.85	0.68
小麦	3	1
大麦	2.23	1
燕麦	3	1
饲用燕麦	2.5	0.8
青稞	2.14	0.65
谷子	3.8	0.44
高粱	2.29	0.61
荞麦	3.3	1.5
栗	1.5	0.19
玉米	2.3	0.3
大豆	7.2	0.748
蚕豆	3.4	3.06
豌豆	5.39	4.3
绿豆	3.77	7.5
红小豆	4.9	3.1
芸豆	6.67	2.16
红薯	0.447	1.22
苜蓿	0.2	0.2

（续）

作物	100kg收获物需氮量（kg）	100kg收获物需磷量（kg）
马铃薯	0.5	0.088
山药	0.05	0.033
芋	0.81	1.77
木薯	1.58	0.17
棉花	11.7	3.04
花生	7.19	0.887
麻类	3.5	0.369
甘蔗	0.18	0.016
糖用甜菜	0.55	0.124
饲料甜菜	0.15	0.048
食用甜菜	0.48	0.062
烤烟（鲜）	0.06	0.532
晒烟（鲜）	0.29	0.035
晾烟（干）	3.85	0.532
桑蚕茧	1	0.9
茶类	6.4	0.88
苹果	0.3	0.08
桃	0.21	0.033
柑橘	0.6	0.11
梨	0.47	0.23
香蕉	0.73	0.216
葡萄	0.74	0.512
杏	1.42	0.71

（续）

作物	100kg收获物需氮量（kg）	100kg收获物需磷量（kg）
猕猴桃	0.72	0.1
青菜	0.674	0.01
白菜	0.15	0.07
苋菜	0.627	0.08
生瓜	0.43	0.062
茭白	1.7	0.37
紫角叶	0.43	0.062
黄瓜	0.28	0.09
甘蓝	0.43	0.21
冬瓜	0.44	0.18
菜椒	0.51	0.107
丝瓜	0.12	0.08
生菜	0.22	0.7
西兰花	2.48	2.49
番茄	0.33	0.1
萝卜	0.28	0.057
大葱	0.19	0.036
大蒜	0.82	0.146
茄子	0.34	0.1
甜菜	0.8	0.4
桉树*	3.3	3.3
杨树*	2.5	2.5

* 人工林地的养分需求量单位是kg/m^3。

附录2　土壤不同氮磷养分水平下施肥供给养分占比推荐值

项　目	土壤氮磷养分分级		
	Ⅰ	Ⅱ	Ⅲ
施肥供给占比	35%	45%	55%
土壤全氮含量（g/kg）			
旱地（大田作物）	＞1.0	0.8～1.0	＜0.8
水田	＞1.2	1.0～1.2	＜1.0
菜地	＞1.2	1.0～1.2	＜1.0
果园	＞1.0	0.8～1.0	＜0.8
土壤有效磷含量（mg/kg）	＞40	20～40	＜20

附录3　有机肥养分替代化肥养分比例的确定

有机肥与无机肥的合理配施可结合化肥的速效性和有机肥的持久性特点，对提高土地生产力和改善土壤形状起到明显的作用。有机肥与化肥的合理配施和高效利用对实现作物优质高产、保护生态环境具有重要意义。确定有机肥与化肥的合理配比是落实有机无机配施技术的关键所在。

据文献资料，有机肥氮与化肥氮配施比例为40%～60%时，可实现作物最高产量且不造成额外的环境问题，因此，推荐有机肥氮替代化肥氮的比例为50%。同时，根据地区性特点或作物生理特点等，也可以使用当地的适宜值。

区域磷养分替代比例的确定推荐遵循衡量监控技术（附图3-1），即由土壤-作物系统磷收支平衡决定土壤有效磷的变化。在了解该地区土壤有效磷状况的基础上，合理的磷管理策略需将根层磷长期维持在一个适宜水平并发挥作物本身利用磷养分的生物学潜力。依据根层养分测定的结果，并结合

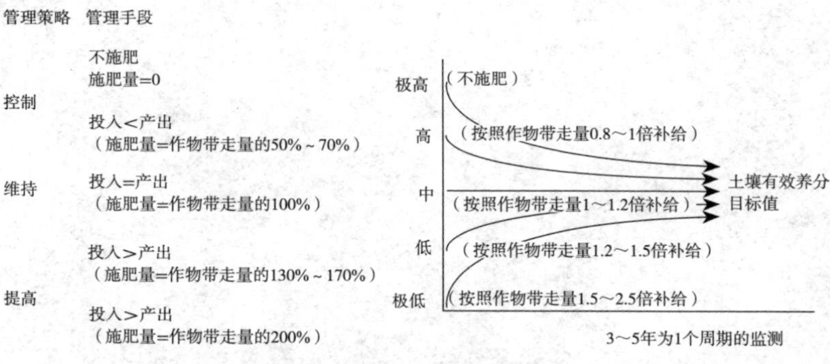

附图3-1　基于养分平衡土壤测试磷的衡量监控技术

养分收支平衡，结合附图3-1选择“提高”“维持”或“控制”的管理策略及对应的施肥推荐，即磷素恒量监控管理技术，使土壤磷素肥力既满足持续高产稳产，又不会对生态环境构成威胁。

附录4　不同畜禽的日排泄氮（磷）

附表4-1　不同畜禽（不划分畜禽生长阶段）的日排泄氮（磷）量

动物	氮［kg/（头·天）］	磷［kg/（头·天）］
猪	30.0×10^{-3}	4.5×10^{-3}
奶牛	196.0×10^{-3}	32.0×10^{-3}
肉牛	109.0×10^{-3}	14.0×10^{-3}
家禽	1.2×10^{-3}	0.18×10^{-3}
山羊	11.3×10^{-3}	2.35×10^{-3}
绵羊	12.2×10^{-3}	0.92×10^{-3}

附表4-2　不同畜禽（划分畜禽生长阶段）的日排泄氮（磷）量

动物	饲养阶段	粪尿氮排泄量［kg/（头·天）］	粪尿磷排泄量［kg/（头·天）］
生猪	保育猪	18.3×10^{-3}	2.5×10^{-3}
	育肥猪	36.3×10^{-3}	5.2×10^{-3}
	妊娠母猪	46.0×10^{-3}	8.2×10^{-3}
奶牛	青年牛	116.0×10^{-3}	16.5×10^{-3}
	泌乳牛	250.0×10^{-3}	41.7×10^{-3}
蛋鸡	育雏育成鸡	0.79×10^{-3}	0.18×10^{-3}
	产蛋鸡	1.17×10^{-3}	0.31×10^{-3}
肉鸡		1.24×10^{-3}	0.31×10^{-3}
肉鸭		1.5×10^{-3}	1.2×10^{-3}

附录5　不同畜禽粪污收集、处理工艺的氮（磷）收集率

附表5-1　不同畜禽粪污收集工艺的氮（磷）收集率（%）

粪污收集工艺	氮收集率	磷收集率
干清粪	88.0	95.0
水冲清粪	87.0	95.0
水泡粪	89.0	95.0
垫料	84.5	95.0

附表5-2　不同畜禽粪污处理方式的氮（磷）养分留存率（%）

粪污处理方式	氮留存率	磷留存率
厌氧发酵	95.0	75.0
堆肥	68.5	76.5
氧化塘	75.0	75.0
固体贮存	63.5	80.0
沼液贮存	75.0	90.0

附录6 典型作物土地承载力推荐值

依据土地承载力技术指南相关内容，在土地承载力判定中，需要经过上述的各部分计算获得，同时需要结合当地实际情况确定动物类型、养分排泄量、畜禽粪污收集及处理过程中的养分收集率指标、有机肥养分替代化肥养分的比例等。为了更为直观地了解每种作物种植可配套的土地情况，本书基于一般计算过程，给出了部分主要作物土地承载力的推荐值，推荐的土地承载力数值如下：

作物种类		产量水平（t/hm^2）	土地承载力［猪当量/（亩·当季）］	
			以氮为基础	以磷为基础
大田作物	小麦	4.5	1.2	1.9
	水稻	6	1.1	2.0
	玉米	6	1.2	0.8
	谷子	4.5	1.5	0.8
	大豆	3	1.9	0.9
	棉花	2.2	2.2	2.8
	马铃薯	20	0.9	0.7
蔬菜	黄瓜	75	1.8	2.8
	番茄	75	2.1	3.1
	青椒	45	2.0	2.0
	茄子	67.5	2.0	2.8
	大白菜	90	1.2	2.6
	萝卜	45	1.1	1.1

（续）

作物种类		产量水平（t/hm²）	土地承载力［猪当量/（亩·当季）］	
			以氮为基础	以磷为基础
蔬菜	大葱	55	0.9	0.8
	大蒜	26	1.8	1.6
果树	桃	30	0.5	0.4
	葡萄	25	1.6	5.3
	香蕉	60	3.8	5.4
	苹果	30	0.8	1.0
	梨	22.5	0.9	2.2
	柑橘	22.5	1.2	1.0
经济作物	油料	2.0	1.2	0.7
	甘蔗	90	1.4	0.6
	甜菜	122	5.0	3.2
	烟叶	1.56	0.5	0.3
	茶叶	4.3	2.4	1.6
人工草地	苜蓿	20	0.3	1.7
	饲用燕麦	4.0	0.9	1.3
人工林地	桉树	$30m^3$/（hm^2·年）	0.9	4.2
	杨树	$20m^3$/（hm^2·年）	0.4	2.1

上述推荐值是以设定土壤氮养分水平Ⅱ级，粪肥比例50%，粪肥氮当季利用率25%，粪肥磷当季利用率为30%，畜禽产生的粪污全部就地利用，单位猪当量粪肥氮养分供给量为7kg，磷养分供给量1.2kg为基础。

参考文献

REFERENCES

陈天宝，万昭军，付茂忠，等，2012. 基于氮素循环的耕地畜禽承载能力评估模型建立与应用［J］. 农业工程学报，28（2）：191–195.

戴佩彬，2016. 模拟条件下磷肥配施有机肥对土壤磷素转化迁移及水稻吸收利用的影响［D］. 杭州：浙江大学.

第一次全国污染源普查资料编纂委员会，2011. 污染源普查产排污系数手册［M］. 北京：中国环境科学出版社.

黄涛，2014. 长期碳氮投入对土壤有机碳氮库及环境影响的机制［D］. 北京：中国农业大学.

贾伟，2014. 我国粪肥养分资源现状及其合理利用分析［D］. 北京：中国农业大学.

贾伟，李宇虹，陈清，等，2014. 京郊畜禽粪肥资源现状及其替代化肥潜力分析［J］. 农业工程学报，30（8）：156–167.

贾伟，朱志平，陈永杏，等，2017. 典型种养结合奶牛场粪便养分管理模式［J］. 农业工程学报，33（12）：209–217.

巨晓棠，2014. 氮肥有效率的概念及意义——兼论对传统氮肥利用率的理解误区［J］. 土壤学报（5）：921–933.

巨晓棠，2015. 理论施氮量的改进及验证——兼论确定作物氮肥推荐量的方法［J］. 土壤学报，52（2）：249–261.

李书田，金继运，2011. 中国不同区域农田养分输入、输出与平衡［J］. 中国农业科学，44（20）：4207–4229.

李想，2012．有机无机肥磷配施的协同效应与机理研究［D］．南京：南京农业大学．

潘瑜春，孙超，刘玉，等，2015．基于土地消纳粪便能力的畜禽养殖承载力［J］．农业工程学报，31（4）：232–239．

孙国波，韩大勇，董飚，2013．基于氮磷平衡的江苏省畜禽养殖土地承载力研究［J］．甘肃农业大学学报（6）：123–130．

王丽华，王晓燕，张志锋，等，2006．磷指数法——PI（P Index）的修正及应用［J］．首都师范大学学报（自然科学版），27（2）：85–88．

王妞，陆海明，邹鹰，等，2016．基于地形指数的流域非点源磷素输出关键源区识别［J］．水文，36（2）：12–16．

王奇，陈海丹，王会，2011．基于土地氮磷承载力的区域畜禽养殖总量控制研究［J］．中国农学通报，27（3）：279–284．

王兴仁，曹一平，张福锁，等，1995．磷肥恒量监控施肥法在农业中应用探讨［J］．植物营养与肥料学报（3）：59–64．

严正娟，2015．施用粪肥对设施菜田土壤磷素形态与移动性的影响［D］．中国农业大学．

杨军香，王合亮，焦洪超，等，2016．不同种植模式下的土地适宜载畜量［J］．中国农业科学，49（2）：339–347．

尤彩霞，陈清，任华中，等，2006．不同有机肥及有机无机配施对日光温室黄瓜土壤酶活性的影响［J］．土壤学报，43（3）：521–523．

张福锁，陈新平，陈清，2009．中国主要作物施肥指南［M］．北京：中国农业大学出版社．

张福锁，2011．测土配方施肥技术要览［J］．中国农资（3）：88．

张平，高阳昕，刘云慧，等，2011．基于氮磷指数的小流域氮磷流失风险评价［J］．生态环境学报，20（6）：1018–1025．

中华人民共和国国家质量监督检验检疫总局，中国国家标准化管理委员会，2010．畜禽粪便还田技术规范GB/T 25246—2010［S］．北京：中国标准出版社．

朱兆良，2006．推荐氮肥适宜施用量的方法论刍议［J］．植物营养与肥料学报，12（1）：1–4.

庄犁，周慧平，张龙江，2015．我国畜禽养殖业产排污系数研究进展［J］．生态与农村环境学报，31（5）：633–639.

Avon, 2010. Food and Rural Affairs［J］. Department for Environment, (6):523–526.

Chadwick D, Jia W, Tong Y, et al., 2015. Improving manure nutrient management towards sustainable agricultural intensification in China［J］. Agriculture Ecosystems & Environment, 209:34–46.

Edmeades D C,2003. The long–term effects of manures and fertilizers on soil productivity and quality: a review［J］. Nutrient Cycling in Agroecosystems, 66(2):165–180.

Hati K M, Mandal K G, Misra A K, et al., 2006. Effect of inorganic fertilizer and farmyard manure on soil physical properties, root distribution, and water–use efficiency of soybean in Vertisols of central India［J］. Bioresource Technology, 97(16):2182–2188.

Haynes R J, Naidu R, 1998. Influence of lime, fertilizer and manure applications on soil organic matter content and soil physical conditions: a review［J］. Nutrient Cycling in Agroecosystems, 51(2):123–137.

Ju X, Christie P, 2011. Calculation of theoretical nitrogen rate for simple nitrogen recommendations in intensive cropping systems: A case study on the North China Plain［J］. Field Crops Research, 124(3):450–458.

Larney F J, Buckley K E, Hao X, et al., 2006. Fresh, stockpiled, and composted beef cattle feedlot manure: nutrient levels and mass balance estimates in Alberta and Manitoba［J］. Journal of Environmental Quality, 35(5):1844.

Liu E, Yan C, Mei X, et al., 2010. Long–term effect of chemical fertilizer, straw, and manure on soil chemical and biological properties in northwest China [J]. Geoderma, 158(3–4):173–180.

Luebbe M K, Pas G E E, Klopfenstein T J, et al., 2011. Composting or stockpiling of feedlot manure in Nebraska: Nutrient concentration and mass balance 1 [J]. Professional Animal Scientist, 27(2): 83–91.

Pan G, Zhou P, Li Z, et al., 2009. Combined inorganic/organic fertilization enhances N efficiency and increases rice productivity through organic carbon accumulation in a rice paddy from the Tai Lake region, China [J] . Agriculture Ecosystems & Environment, 131(3–4):274–280.

Rigby H, Clarke B O, Pritchard D L, et al., 2016. A critical review of nitrogen mineralization in biosolids–amended soil, the associated fertilizer value for crop production and potential for emissions to the environment [J] . Science of the Total Environment, 541:1310–1338.

Robertson G P, Vitousek P M, 2009. Nitrogen in Agriculture: Balancing the Cost of an Essential Resource [J] . Social Science Electronic Publishing, (34):97–125.

Rufino M C, Rowe E C, Delve R J, et al., 2006. Nitrogen cycling efficiencies through resource–poor African crop–livestock systems [J] . Agriculture Ecosystems & Environment, 112(4):261–282.

Schievano A, D′ Imporzano G, Salati S, et al., 2011. On–field study of anaerobic digestion full–scale plants (Part I): An on–field methodology to determine mass, carbon and nutrients balance [J] . Bioresource Technology, 102(17):7737–7744.

Schulz H, Glaser B, 2012. Effects of biochar compared to organic and inorganic fertilizers on soil quality and plant growth in a greenhouse experiment [J] . Journal of Plant Nutrition & Soil Science, 175(3):410–422.

Smith K A, Jackson D R, Withers P J A, 2001. Nutrient losses by surface run–off following the application of organic manures to arable land. 2. Phosphorus [J]. Environmental Pollution, 112(1):53–60.

Tran M T, Vu T K V, Sommer S G, et al., 2011. Nitrogen turnover and loss during storage of slurry and composting of solid manure under typical Vietnamese farming conditions [J]. Journal of Agricultural Science, 49(3):285–296.

Yan Z, Chen S, Li J, et al., 2016. Manure and nitrogen application enhances soil phosphorus mobility in calcareous soil in greenhouses [J]. Journal of Environmental Management, 181:26–35.

Zhang W, Youhua M A, Qing L U, et al., 2015. Nutrient Loss from Farmland: Research on and Application of Phosphorus Index Method [J]. Agricultural Science & Technology, 16 (2): 262.

图书在版编目（CIP）数据

土地承载力测算技术指南 / 全国畜牧总站，中国饲料工业协会，国家畜禽养殖废弃物资源化利用科技创新联盟组编．— 北京：中国农业出版社，2017.11
（畜禽粪污资源化利用技术丛书）
ISBN 978-7-109-23358-4

Ⅰ．①土… Ⅱ．①全… ②中… ③国… Ⅲ．①畜禽－粪便污染－土地承载力－测算－指南 Ⅳ．①X713-62

中国版本图书馆CIP数据核字（2017）第225286号

中国农业出版社出版
（北京市朝阳区麦子店街18号楼）
（邮政编码100125）
责任编辑 周锦玉

北京中科印刷有限公司印刷 新华书店北京发行所发行
2017年11月第1版 2017年11月北京第1次印刷

开本：850mm×1168mm 1/32 印张：2
字数：36千字
定价：10.00元